口袋书

电力安全生产系列画册

安全生产红线

本书编写组 编

中国电力出版社
CHINA ELECTRIC POWER PRESS

图书在版编目（CIP）数据

电力安全生产系列画册：口袋书．安全生产红线 /《电力安全生产系列画册：口袋书》编写组编．—北京：中国电力出版社，2018.5（2022.6 重印）

ISBN 978-7-5198-2002-2

Ⅰ．①电… Ⅱ．①电… Ⅲ．①电力工业－安全生产－画册 Ⅳ．① TM08-64

中国版本图书馆 CIP 数据核字（2018）第 072720 号

出版发行：中国电力出版社
地　　址：北京市东城区北京站西街 19 号（邮政编码 100005）
网　　址：http://www.cepp.sgcc.com.cn
责任编辑：宋红梅　徐　超（010-63412383）
责任校对：常燕昆
装帧设计：赵姗姗
责任印制：蔺义舟

印　刷：北京瑞禾彩色印刷有限公司
版　次：2018 年 5 月第一版
印　次：2022 年 6 月北京第七次印刷
开　本：880 毫米 ×1230 毫米 64 开本
印　张：0.625
字　数：16 千字
印　数：16001—19000 册
定　价：16.00 元

编委会

内容提要

本书是《电力安全生产系列画册（口袋书）》之一，针对电力基层员工量身定做，内容紧密结合安全工作实际，不以居高临下教育者的姿态，用读者喜闻乐见的语言、生动形象的卡通人物、结合现场的工作实例，巧妙地将安全与日常工作结合在一起。追求"不是我要你安全，而是你自己想安全"的效果。本书主要内容包括安全生产第一责任人职责、安全生产管理红线、运行人员安全生产红线、设备管理人员安全生产红线、检修人员安全生产红线、高危作业人员安全生产红线、厂内车辆交通作业红线。

本书是开展安全教育培训、增强员工安全意识、切实提高安全技能的首选教材，也可供电力基层班组安全员及安全监督人员及相关人员学习参考。

前言

为深入贯彻党中央和国务院关于安全生产工作的部署、全面落实安全生产工作的相关要求，进一步加强安全生产工作、杜绝人身伤害事故、保障员工的生命安全、规范员工的作业行为、强化全体员工的“红线”意识，本书编写组汇总、提炼出了安全生产“红线”。其中，运行人员红线适用于电力企业管辖范围内从事运行工作的人员；检修人员红线适用于电力企业管辖范围内从事设备检修、维护工作的人员；设备管理人员红线适用于电力企业管辖范围内从事设备管理工作的人员；高危作业人员红线适用于电力企业管辖范围内从事危险的起吊作业、高处作业、有限空间、临时用电以及可能受到高温烫伤危险作业的人员；交通红线适用于电力企业管辖范围内的全体人员。

本书供电力企业生产部门、外委项目部、各外包施工队伍在工作中参考使用。

编　者

2018.4

目 录

强化红线意识
促进安全发展

一、安全生产第一责任人职责

公司各级安全生产第一责任人必须对安全生产工作负责，全面履行安全生产法规定的职责，具体包括：

1．必须健全落实安全生产责任制；

2．必须保证安全生产有效投入；

3．必须保障职工职业健康；

4．必须建立健全隐患排查治理制度；

5. 必须保证公司主要负责人、安全管理人员、特种作业人员持政上岗；

6. 必须组织制定、实施安全生产事故应急救援预案。

二、安全生产管理红线

安全生产红线适用于全体人员，具体包括：

1. 严禁安全设施未经验收，主体工程投入使用；

2. 严禁环评未验收，主体工程投入使用；

3．严禁消防设施未通过验收，主体工程投入使用；

4．严禁项目未签合同开工；

5. 严禁与资质不符的单位签订合同；

6. 严禁先上岗后取证。

三、运行人员安全生产红线

运行人员安全生产红线适用于从事运行工作的人员，具体包括：

1．严禁无票操作；

2．严禁擅自解除设备连锁保护；

3. 严禁安全措施未执行完毕发出工作票；

4. 严禁未履行押票手续试运设备；

5．严禁进入状态不明的危险区域；

6．严禁未经检查、预警启动设备；

7. 严禁约时停送电；

8. 严禁无措施、方案进行重大操作。

四、设备管理人员安全生产红线

设备管理人员安全生产红线适用于从事设备管理工作的人员，具体包括：

1. 严禁未经审批擅自修改逻辑及保护定值；

2. 严禁未经审批擅自退出热控、电气保护；

3. 严禁未经审批强制运行参数；

4. 严禁擅自变更计划检修项目；

5. 严禁检修项目验收缺位；

6. 严禁无措施、方案组织危险作业；

7. 严禁非运行人员操作运行设备；

8. 严禁点检人员进行现场检修工作。

五、检修人员安全生产红线

检修人员安全生产红线适用于从事设备检修、维护工作的人员，具体包括：

1．严禁无票作业；

2．严禁擅自操作运行设备；

3．严禁未经允许以试代修；

4．严禁高处作业不按规定使用安全带、安全绳、安全网；

5. 严禁封闭空间作业无人监护；

6. 严禁非工作班成员在危险作业区域逗留；

7. 严禁交叉作业无防护隔离措施；

8. 严禁使用无检验标签的起重设备；

9. 严禁擅自拆除、翻越检修围栏；

10. 严禁擅自变更检修安全措施。

六、高危作业人员安全生产红线

高危作业人员安全生产红线适用于从事危险的起吊作业、高处作业、有限空间、临时用电以及可能受到高温烫伤危险的作业人员，具体包括：

1. 严禁高危作业未经许可擅自开工；

2. 严禁使用未验收的脚手架；

3. 严禁从事高温作业不穿防烫服；

4. 严禁吊装区域不进行严密隔离、封闭；

5. 严禁无安全交底开展检修工作；

6. 严禁仓壁上的积粉、积煤未清除即进入仓内作业；

7. 严禁进入未经气体检测合格的封闭空间。

七、厂内车辆交通作业红线

厂内车辆交通作业"红线"适用于全体人员，具体包括：

1. 严禁无驾照、无从业资格证人员驾车；

2. 严禁酒后驾车、疲劳行车；

3. 严禁超员、超载、超速行驶；

4. 严禁乘客携带易燃、易爆危险品乘车；

5. 严禁通过无人看守铁路道口时与火车抢道；

6. 严禁大雨雪天道路和涉水后高速行驶；

7. 严禁运灰驾驶员独自支起液压修车。

附　录　安全例行工作

班前、班后会

由班长组织，班组安全员协助。

班前会：接班（开工）前，结合当班运行方式和工作任务，做好危险点分析，布置安全措施，交代注意事项。

班后会：总结讲评当班工作和安全情况，既要肯定好的一方面，表扬好人好事；又要找出存在的问题和不足，批评忽视安全、违章作业等不良现象，并做好记录。

安全日活动

由班长组织、班组安全员协助，部门（车间）领导参加并检查活动情况。

班（组）每周或每个轮值进行一次安全日活动，活动以学习有关上级文件和会议精神，学习事故通报，分析本企业、车间和班组发生的不安全事

件以及典型的违章现象，分析作业环境可能存在的危险因素为主要内容。

安全检查

应定期和不定期组织进行安全检查。定期检查包括春季和秋季安全检查，春季或秋季安全检查应结合季节特点和事故规律每年至少进行一次。

安全检查前应编制检查提纲或安全检查表，经主管领导审批后执行。检查内容以查领导、查思想、查管理、查规程制度、查隐患为主，对查出的

问题要制定整改计划并监督落实。安全检查应逐步结合安全性评价进行。

安全月活动

每年的安全生产月活动按照国家有关部门和上级要求开展，安全生产月活动的重点是加大安全生产工作的宣传力度，增强全系统对安全生产工作的认识，提高全员的安全生产意识，提高企业的安全文化水平。

班组安全工作记录

活动日期：

活动主题：

活动地点：

主 持 人：

班组安全工作记录

活动日期：

活动主题：

活动地点：

主 持 人：